Matthias Pfannmüller
Typenkompaß Land Rover
Geländewagen seit 1948

Typen kompaß

Matthias Pfannmüller

Land Rover

Geländewagen seit 1948

Motor buch Verlag

Impressum

Einbandgestaltung: Andreas Pflaum

Titelfotos: Matthias Pfannmüller
Fotos: Tom Barton, Birmingham
copyright BMIHT/Rover, Gaydon 5
Archiv Matthias Pfannmüller, Hamburg 52
Rover Deutschland GmbH, Neuss 5
Archiv Halwart Schrader, Suderburg 23

ISBN 3-613-01982-5

1. Auflage 1999

Innengestaltung: Viktor Stern
Reproduktion: digi bild reinhardt, 73037 Göppingen
Druck: Henkel, 70435 Stuttgart
Bindung: Nething, 73235 Weilheim/Teck
Printed in Germany

Die Entwicklung des Land Rover gehört zu den Kuriosa der Automobilgeschichte. Anders als die meisten Modelle war das archaische Gefährt aus der Not geboren und sollte nur kurze Zeit gebaut werden. Das sich aus diesem Umstand einer der erfolgreichsten zivilen Geländewagen der Welt entwickeln sollte, war 1947, als man erste Überlegungen in diese Richtung anstellte, schwerlich vorauszusehen.
Der Erfinder des Land Rover ist Maurice Fernand Cary Wilks, seinerzeit Chefkonstrukteur der Rover Car Company. Er und sein Bruder Spencer, der damalige Rover-Direktor, hatten den britischen Hersteller während der dreißiger Jahre aus der Krise geführt. Nach dem Zweiten Weltkrieg stand die Zukunft der Marke jedoch erneut auf dem Spiel: Stahl und andere wichtige Rohstoffe waren Mangelware, luxuriöse Limousinen außerdem nicht gefragt. Statt dessen fehlte, wie Maurice Wilks richtig erkannte, ein anspruchsloses Fahrzeug für die Landwirtschaft. Auf der Basis eines ausrangierten Willys-Jeep der amerikanischen Armee realisierte er einen ersten Prototyp, dessen Motor und Achsen aus alten Rover-Modellen stammten. Ausgestattet mit einer Aluminium-Karosse und zuschaltbarem Allradantrieb wurde der Wagen 1948 auf der Amsterdam Motor Show präsentiert. Die positive Resonanz – noch während der Messe gingen hunderte von Bestellungen ein – gaben dem Unternehmen Grund für neuen Optimismus. Und der war berechtigt: Wurden im gleichen Jahr nach Anlauf der Serie lediglich 80 Exemplare gefertigt, verließen 1949 schon 8000 und 1950 über 16000 Einheiten die Montage. Die Tatsache, daß die meisten Land Rover in alle Welt exportiert wurden und dem Hersteller satte Gewinne bescherten, machten die Notlösung zum besten Pferd im Stall und aus seiner Typenbezeichnung ein Synonym für überlegene und robuste Geländewagen. Niemand dachte mehr an ein Produktionsende des Landy, wie der Wagen inzwischen liebevoll genannt wurde. Mittlerweile gehört der klassische Land Rover zu den am längsten gebauten Automobilen überhaupt; bis heute sind fast zwei Millionen gefertigt worden. Natürlich hat man ihn im Laufe der Jahrzehnte technisch weiterentwickelt; optisch veränderte er sich dagegen kaum.
Dem vielgeäußerten Wunsch nach mehr Komfort folgend, stellte man dem Arbeitstier 1970 ein komfortables Modell zur Seite: Dank diesem starken Duo überlebte Land Rover die Krise der britischen Automobilindustrie Mitte der siebziger Jahre nahezu unbeschadet. Die Lücke zwischen Land- und Range Rover schloß der 1989 präsentierte Discovery, der sich schnell als bestverkauftes Modell des Hauses etablierte. Für den exzellenten Ruf der Marke sorgte auch die sprichwörtliche Unzerstörbarkeit ihrer Modelle: 70 Prozent aller jemals gebauten Land Rover sind heute noch im Einsatz. 1998 wurde das Programm mit dem Freelander nach unten abgerundet; er ist heute das populärste Modell. Dank dieser Typenvielfalt fährt Land Rover gut gerüstet in die Zukunft und erfüllt weiterhin den selbstgestellten Anspruch, die besten Geländewagen der Welt zu bauen.

Anmerkungen zu den Modellreihen

Serie I (1948 – 1958)

Der erste Land Rover basiert auf dem Fahrgestell des Willys Jeep, weshalb auch der Radstand der 80er-Version mit dem Amerikaner übereinstimmt. Als Antrieb diente zunächst der 1,6 Liter große Vierzylinder aus der Rover-Limousine P3 60, die ebenfalls 1948 auf den Markt kam. Vielseitig waren die Gerätschaften, welche sich über PTOs (Power-Take-Offs) an Bug, Heck und von der Fahrzeugmitte aus per Welle oder Riemen betreiben ließen: Pumpen, Preßlufthämmer, Sägen, Mörtelmischmaschinen oder Winden waren so praktisch überall einsetzbar. Aufgrund steigender Popularität nahm auch die Modell-Monotonie bald ein Ende, obwohl die erste komfortbetonte und zugleich geschlossene Variante, der noch 1948 präsentierte Station Wagon, auf wenig Gegenliebe stieß: Er war viel zu teuer. Umso besser verkauften sich die ab 1952 angebotene, drehmomentstärkere Zweiliter-Ausführung der offenen Standardversion, der 1954 eingeführte viertürige 107. Beliebt war auch jener anspruchslose Vierzylinder-Dieselmotor, der ab 1957 das Programm bereicherte. Vor allem in ländlichen Gebieten auf der ganzen Welt war der Land Rover längst eine alltägliche Erscheinung; der Exportschlager wurde in 150 Staaten verkauft. Bis zur Ablösung durch die Serie II in Jahre 1958 sind die Radstände mehrmals verlängert (86, 88, 109 inch), viele Details verbessert und insgesamt über 210000 Einheiten produziert worden.

Serie II (1958 – 1961)

Optisch überarbeitet und damit gefälliger ging das Arbeitstier in sein zweites Jahrzehnt: Die Karosse war zwar nicht länger, aber etwas breiter geworden und wurde nun von einer seitlichen Sicke geprägt. Auf vielfach geäußerten Wunsch mußte zum Tanken auch nicht mehr der Beifahrersitz hochgeklappt werden; der Einfüllstutzen befand sich jetzt rechts außen. Der Vierzylinder erfuhr eine Hubraum-Erhöhung auf 2,3 Liter und leistete 77 PS. Die Serie II gilt unter Liebhabern als begehrenswertester »Landy« überhaupt und wird in gutem Zustand entsprechend hoch gehandelt.

Serie IIA (1961 – 1971)

Abgesehen von kleineren Motor- und Getriebeänderungen gab es keine nennenswerten Unterschiede zur Serie II. 1968 ergänzte ein Sechszylinder das Programm, überdies erweiterte ein Modell mit 109 inch Radstand die Palette, das 1,3 Tonnen Nutzlast verkraftete. Im gleichen Jahr wurden auch die Scheinwerfer aus dem Kühlergrill nach außen in die Kotflügel verlegt. Diese Modellpflege verbesserte die Lichtausbeute und erfüllte so die gestiegenen Sicherheitsforderungen einiger Märkte. Von eingefleischten Markenfans wurde das neue »Gesicht« kritisiert, weil es das typische Erscheinungsbild verwässerte. Der weiterhin unvermindert starken Nachfrage hat es allerdings nicht geschadet.

Forward Control (1962 – 1973)

Anfang der Sechziger und nach einem Produktionszeitraum, in dem sich andere Automobile längst in Rente befinden, war der Land Rover beliebter denn je. Und es gab kaum eine Gelegenheit, zu der man ihn nicht benutzen konnte. Kaum, denn für ein echtes Nutzfahrzeug fehlte ihm eine vollwertige Ladefläche. Die Konsequenz hieß Forward Control: Auf das Fahrgestell des 109 hatte man kurzerhand eine sich über dem Motor befindliche Frontlenker-Kabine gesetzt und so den Nutzraum deutlich verlängert. Ein erster Prototyp fuhr schon 1960, zwei Jahre später ging der FC in Produktion. Seine Fähigkeiten waren beachtlich: Nicht nur, daß er mit 1,5 Tonnen fast doppelt soviel tragen konnte wie ein normaler 109 Pick-Up; dank seiner höheren Bodenfreiheit war er auch besonders geländegängig. Ein rechter Erfolg wollte das Modell trotzdem nicht werden: 1973 wurde die Produktion des häßlichsten Land Rover aller Zeiten nach nur knapp 5500 Exemplaren eingestellt.

Lightweight (1965 – 1984)

Trotz seiner ursprünglichen Konzeption als ziviles Arbeitstier machte der auf allen Wegen heimische Land Rover schnell Karriere beim Militär. Es entstanden unzählige Versionen, von denen viele noch heute eingesetzt werden. Die bekannteste ist der Lightweight. Wie sein Name schon sagt, handelte es sich um eine abgespeckte Variante auf Basis eines 88er-Chassis, die nur 1205 Kilo wog und so von einem Hubschrauber getragen werden konnte. Seine Karosserie war kantiger gestaltet als die der Serien-Landys; Haube, Türen und Aufbau ließen sich mit wenigen Handgriffen demontieren. Frühe Lightweight sind an den innenliegenden Frontscheinwerfern zu erkennen. Bei den nach 1968 gebauten Modellen sitzen sie in den Kotflügeln.

Range Rover Serie I (1970 – 1996)

Mit den Jahren steigen die Ansprüche – auch an einen Land Rover. Obwohl sich der archaische Geländewagen immer noch gut verkaufte, dachten die Verantwortlichen schon seit einigen Jahren über einen bequem-luxuriösen 4x4 nach. Die Bemühungen gipfelten 1970 im Range Rover »made by Land Rover«; der Trendsetter begründete das Segment der Oberklasse-Allradler und wurde trotz des damaligen Siechtums der britischen Automobilindustrie vom internationalen Markt genauso euphorisch aufgenommen wie sein knorriger Ahne über zwanzig Jahre zuvor.

Technisch hatten beide einen Leiterrahmen, Starrachsen (beim Range nur vorne) und Allradantrieb gemein; im neuen Modell war er allerdings permanent. Die Räder waren fortschrittlich an Schraubenfedern und Stoßdämpfern aufgehängt; hinten gab es sogar eine Niveauregulierung. Prestigeträchtig ist vor allem der Achtzylinder-Motor des noblen Briten gewesen, auch wenn das Aggregat aus Amerika stammte und eine Uralt-Konstruktion von Buick darstellte. Im Range erlebte die Maschine ihren zweiten Frühling und wird – in weiterentwickelter Form – noch heute verwendet.
Den Range Rover gab es zunächst nur mit zwei Türen, erst 1981 wurde ihm ein Viertürer zur Seite gestellt, der ebenfalls eine horizontal geteilt umklappbare Heckklappe aufwies. 1986 bereicherte ein 2,4 Liter großer Turbodiesel des italienischen Motorenherstellers VM das Programm, der 1992 vom Tdi aus den Discovery ersetzt wurde. Schon zwei Jahre zuvor hatte man den Hubraum des V8 auf 3,9 Liter erhöht. Und auch in punkto Komfort und Sicherheit tat sich was: 1992 wurde der Radstand des Topmodells 4.2 um 20 Zentimeter verlängert; ab dem Modelljahr 1993 war der Range zudem mit einer verstellbaren Luftfederung und elektrischer Traktionskontrolle zu haben. 1994 sicherte eine weitere Hubraumerhöhung des V8 die Premium-Stellung des Range Rover.. Bis 1996 – die Serie II kam 1994 auf den Markt – sind insgesamt über 300000 Exemplare entstanden.

Serie III (1971 – 1985)

Traurige Neuigkeiten für alle Australier: Anstelle des gewohnten Metallrosts vor dem Kühler, der sich hervorragend zum Grillen im Outback benutzen ließ, kam nun ein Plastik-Ausführung zum Einsatz. Technisch hatte man die Serie III jedoch deutlich verbessert: Neben einem vollsynchronisierten und günstiger untersetzten Getriebe gab es größere Bremsen, und die bisher nur Diesel- und Sechszylinder-Versionen vorbehaltene verstärkte Kupplung war ab sofort in allen Modellen serienmäßig eingebaut. Dazu kamen kräftigere Türscharniere, und auch der Innenraum wurde modifiziert: Ein neues Lenkrad, vor den Fahrer gerückte Instrumente und bequemer gepolsterte Sitze verliehen der guten alten Stube neuzeitlichen Touch. Ab 1974 konnte optional ein Overdrive geordert werden. 1979 wurde auch der aus dem Range Rover bekannte Achtzylinder-Benziner angeboten; er ersetzte den Sechszylinder und war nur in Verbindung mit permanentem Allradantrieb zu haben. Um den Motor unterzubringen, hatte man den Grill bündig mit den Kotflügeln nach vorne versetzt und die Haube angehoben. 1982 erweiterte schließlich der High-Capacity-Pick-Up mit seinem um 40 Prozent gesteigerten Ladevolumen die Modellfamilie; mit verstärktem Fahrwerk ließen sich mit ihm bis zu 3,5 Tonnen bewegen. Obwohl 1983 eine neue Modellreihe erschien, wurde die Serie III noch zwei Jahre lang weitergebaut.

101 (1975 – 1978)

Im Auftrag des Militärs entwickelte Land Rover Anfang der Siebziger einen Nachfolger für den Forward Control, das Modell 101. Wie alle Kürzel der Land-Rover-Nomenklatur bezog sich die dreistellige Ziffer auf den Radstand in inch; er betrug also 257 Zentimeter. Der Frontlenker basierte auf dem Fahrgestell des Range Rover und verfügte neben dessen Achtzylinder und dem permanenten Allradantrieb wahlweise auch über einen Anhänger mit über eine Welle angetriebenen Rädern. Doch der potente Gelände-Laster wurde nur drei Jahre lang gebaut. Einen letzten Anlauf in diese Richtung nahm man 1981 mit dem Projekt Llama, das aber nicht über das Prototypenstadium hinauskam: Es entstanden nur wenige Exemplare.

Typen 90/110/130 (1983 – 1989)

Unter dem zunehmenden Konkurrenzdruck erfuhr der altgediente Land Rover 1983 seine bisher gründlichste Modellpflege. Wieder hatte man den Radstand verlängert, die Typenbezeichnung der Langversion lautete 110. Als Weiterentwicklung des High-Capacity-Pick-Up wurde wenig später das Modell 127 als Crew Cab mit Doppelkabine und Pritsche ins Programm aufgenommen und kurz darauf in 130 Crew Cab umgetauft. Ein Jahr später kam der 90 auf den Markt, obwohl sein Achsabstand exakt 92,4 inch betrug. Äußerlich war die neue Landy-Generation an ihrer geglätteten Bugpartie, der nun einteiligen Frontscheibe, schwarzen Kunststofflüftungsklappen (später wieder aus Blech und in Wagenfarbe lackiert), Kotflügelverbreiterungen und größeren Außenspiegeln erkennbar. Zudem ist der Tankeinfüllstutzen beim 90 nach unten in die rechte Flanke verlegt worden. Auf den meisten Märkten wie Deutschland konnte die kurze Softtop-Variante nicht mehr voll geöffnet werden: Die Türen wiesen nun feste Fensterrahmen auf, Verdeckgestänge und Frontscheibe ließen sich nur noch aufwendig und nach einigen Umbauarbeiten demontieren. Die wesentlichsten Änderungen spielten sich jedoch unter der Aluminiumkarosserie ab: Wie der Range Rover waren 90, 110 und 130 mit permanentem Allradantrieb ausgestattet; das zuschaltbare System war – abgesehen von der V8-Variante – aber noch einige Zeit auf Wunsch erhältlich. Verbessert wurde auch das Fahrwerk: Anstelle der antiquierten Blattfedern zogen endlich Schraubenfedern und Stoßdämpfer in den Landy ein. Trommelbremsen vorne wichen modernen Scheiben. Überarbeitet präsentierte sich der Innenraum mit neuem Armaturenbrett, wasserdichten Instrumenten und Schaltern sowie einem geschäumten Lenkrad. Dazu kam eine bessere Ausstattung: Fünfgang-Getriebe, Klimaanlage oder Servolenkung konnten – zehn Jahre zuvor noch undenkbar – gegen Aufpreis geordert werden. Die Motoren boten wieder mehr Leistung oder Drehmoment, und ab 1985 war endlich auch der V8 mit Fünfgang-Getriebe lieferbar. Ende 1986 half ein Turbolader dem betagten Dieselmotor auf die Sprünge. Dazu kamen weitere optische Retuschen: 1987 mußten die Landytypischen versenkten Türklinken profan außenliegenden Griffen weichen. 1994 gab es serienmäßig Katalysatoren für die Benziner. Alle diese Maßnahmen konnten jedoch nicht darüber hinwegtäuschen, daß die Modellreihe ihren Zenith endgültig überschritten hatte; die Verkaufszahlen gingen kontinuierlich zurück. Aber wer wollte dem Land Rover das nach gut 40 Jahren übelnehmen?

Discovery Serie I (1989 – 1998)

Als Ergänzung der Modellpalette und heimlicher Defender-Nachfolger wurde auf der IAA 1989 der Discovery (Entdecker) präsentiert – gerade zur rechten Zeit, um der erstarkten Konkurrenz aus Fernost Paroli zu bieten und ein weiteres Abbröckeln der Land Rover-Marktanteilen zu stoppen. Doch nicht nur das: Der Discovery war und ist wieder ein Riesenerfolg für das Unternehmen. Optisch hatte man den Neuen an den Range Rover angelehnt, von dem der Discovery auch den Radstand geerbt hatte. Das Ergebnis war ein geräumiges, maximal siebensitziges Fahrzeug mit erwartungsgemäß hoher Geländetauglichkeit. Das technische Layout – Leiterrahmen, Starrachsen, die Karosse aus Stahl und Aluminium sowie permantenter Allradantrieb mit sperrbarem Mitteldifferential und Untersetzung – lieferte das nötige Rüstzeug dazu. Eine serienmäßige Servolenkung bot Erleichterung bei der Lenkarbeit, Scheibenbremsen sorgten für ordentliche Verzögerung. Als Antrieb dienten sowohl ein neu entwickelter Turbodiesel mit Ladeluftkühler und Direkteinspritzung, der viel Drehmoment bot (Zylinderkopf und Einspritztechnik dieses Aggregats wurden in Österreich konstruiert), als auch der aus dem Range bekannte V8-Benziner. Zunächst nur dreitürig lieferbar, konnte man den Discovery ab 1990 auch mit Fondtüren haben. 1992 gab es eine Automatik für den V8, zwei Jahre später für den Diesel. 1993 verbesserten ABS, 1994 ein Fahrerairbag die Sicherheit; auf der Beifahrerseite war er optional erhältlich – was den Absatz weiter beflügelte, denn der Wagen war längst das bestverkaufte Land-Rover-Modell. Ab 1993 hat der Disco, wie er von vielen genannt wird, auch in Japan Karriere gemacht. Rovers damaliger Partner Honda verkaufte ihn in Lizenz unter dem Modellnamen Passport. 1994 wurden Bugpartie und Innenraum des Discovery modernisiert und 1995 die Motorcharakteristik des Diesel verbessert. Er bot von nun an deutlich mehr Drehmoment; der auf 3,9 Liter gebrachte V8 verfügte fortan über einen Abgas-Katalysator. Zwei Frontairbags, elektrische Fensterheber und Außenspiegel werteten 1997 die Serienausstattung weiter auf. Bis zur Modellablösung Ende 1998 entstanden über 400 000 Exemplare, und der Disco ist ein zäher Bursche: Ältere Modelle eignen sich heute noch für so manche Entdeckungstour.

Defender (1989 –)

Wie gesagt: Der Absatz des Landy ließ zunehmend zu wünschen übrig, dennoch gaben die Briten nicht auf und versahen ihren Klassiker mit einem neuen Typenschild. Seit Ende 1989 heißt er schlicht Defender – Verteidiger. Hintergrund dieser neuen Modellbezeichnung war die Tatsache, daß man Land Rover in den Rang einer eigenständigen Marke erhoben hatte, zu deren Programm jetzt drei Modellreihen gehörten. Der Defender war an schwarz lackierten Stoßstangen sowie neuen Schriftzügen zu erkennen und mutierte in den folgenden Jahren beinahe zu einem zeitgemäßen Off-Roader: Ab 1993 waren Servolenkung und Scheibenbremsen rundum serienmäßig an Bord. Während der V8 – wenn auch nicht überall – im Programm blieb, wurden die veralterten Vierzylinder-Benziner ersatzlos gestrichen. Frischen Schwung brachte 1994 der neue und auch im Discovery eingesetzte Turbodiesel mit 113 PS. In Charakter und Leistung paßte er hervorragend zum Defender. 1999 wich dieser Tdi dem im Discovery II eingeführten, 137 PS starken Td5. Der Fünfzylinder bietet mehr Durchzugsvermögen bei gleichzeitig geringerem Verbrauch. Heute lebt der Klassiker mit dem Cw-Wert einer Schrankwand vornehmlich von seiner eigenen Legende; der Defender ist ein Geländewagen mit Kultstatus. Anfang des 21. Jahrhunderts heißt es aber endgültig Abschied nehmen: 2003 wird ein komplett neu entwickeltes Modell den Millionseller stufenweise ersetzen. Ob er Nachfolger ähnlich lange gebaut werden wird, darf allerdings bezweifelt werden.

Range Rover Serie II (1994 –)

Alles wird besser – auch wenn man sich erst daran gewöhnen muß. So erging es vielen Range-Fahrern, als sie die Evolution ihres fast 25 Jahre nahezu unveränderten Wagens zum ersten Mal zu Gesicht bekamen. Die wuchtige Serie II ist ihrem Vorgänger deutlich überlegen, wird jedoch als nicht so elegant empfunden. Das ist vielleicht auch der Grund, warum man die Serie I noch bis 1996 als »Classic« produziert hat. In ihrer technischen Konzeption entspricht die Serie II weitgehend dem Vorgänger: Wieder kam ein Leiterrahmen aus Stahl plus robuste, aber leichtere Starrachsen und eine Karosserie mit vielen Aluminiumteilen zum Einsatz. Der gute alte V8-Motor genoß eine Hubraumerweiterung auf 4,6 Liter; dazu gesellte sich ein zweites, abgespecktes Achtzylinder-Modell mit nur vier Litern und einfacherer Ausstattung. Der hauseigene Turbodiesel wurde durch einen kräftigeren BMW-Selbstzünder ersetzt – 1994 hatten die Bayern die Rovergroup übernommen. Das Modell heißt heute 2.5 DSE. Der Range bleibt auch weiterhin das beste Pferd im Stall: Ein erstes Facelift wird für 2001 erwartet, die neue Top-Version mit V12-Motor etwas später.

Freelander (1998 –)

Dem allgemeinen Trend zum SUV, dem »Sports Utility Vehicle«, was frei übersetzt soviel heißt wie »nützlicher Freizeit-Allradler«, konnte sich auch Land Rover Mitte der Neunziger nicht länger verschließen. Das Ergebnis kam 1998 auf den Markt und hört auf den bezeichnenden Namen Freelander. Es gibt ihn in zwei Karosserie-Varianten mit fünf beziehungsweise drei Türen. Letztere verfügt wahlweise über ein Hard- oder Softtop. Alle vier Räder werden permanent von einem Benziner- oder Diesel-Vierzylinder angetrieben. Bei der technischen Umsetzung der im Gelände so unerläßlichen Untersetzung hat man sich für den Freelander etwas Neues ausgedacht: die Hill Decent Control, kurz HDC. Sie ist für steile Abfahrten auf lockerem Grund vorgesehen und wird am Schalthebel aktiviert. Dann begrenzt sie die Geschwindigkeit auf neun km/h, wenn es sein muß auch mit Bremseinsatz. Das elektronische System ist im Gelände erstaunlich tauglich und kann deshalb auch Zweifler überzeugen, die lieber auf mechanische Reduktionen vertrauen. Mit seinem Duft von Freizeit und Abenteuer ist der Freelander bereits ein so großer Verkaufserfolg geworden, daß er Marken-intern den Discovery auf den zweiten Platz verdrängt hat. Weshalb man sich für die Zukunft auf weitere Freelander-Spielarten einstellen darf: 2000 kommen ein Sechszylinder-Benziner aus dem Rover 75 und ein Common-Rail-Diesel von BMW zum Einsatz.

Discovery Serie II (1998 –)

Ende 1998 und neun Jahre nach Einführung der Serie I wurde der Discovery-Nachfolger vorgestellt, eine dreitürige Variante gleichzeitig aus dem Programm genommen. Optisch ist der New Discovery »very Disco«, also ganz der Alte geblieben. Daß er etwas breiter, länger und sein Dach etwas flacher ausgefallen ist, sieht man kaum. Markante Merkmale sind dagegen der vergrößerte Kühlergrill und die in den C-Säulen nach oben verlegten Rückleuchten. Unter der nach wie vor aus Stahl und Aluminium gefertigten Karosserie blieb nichts wie es war: Der Innenraum wurde total überarbeitet, der Leiterrahmen verstärkt, die Spur verbreitert, die Lenkung direkter übersetzt und die Bremsscheiben vergrößert. Die Bremsanlage selbst ist nun mit einer elektronischen Bremskraftverteilung und Traktionskontrolle ausgestattet; letztere ersetzt die bisherige manuelle Differentialsperre. Überhaupt steckt der neue Discovery voller Elektronik: Es gibt HDC, die aus dem Freelander bekannte, in der Gelände-Untersetzung aktivierbare Bergabfahrhilfe. Dazu kommt optional SLS, die sogenannte Self Leveling Suspension, also eine – ebenso manuell verstellbare – Luftfederung für die Hinterachse. Und da wäre noch ACE, das Anti Cornering Enhancement. Dank dieser aktiven Fahrwerksunterstützung hält die Karosse auch in schnellen Kurven nahezu ihr waagrechtes Niveau. Zu den Motoren: Neben dem verbesserten Achtzylinder-Benziner wird der New Discovery auch mit dem Td5, einem modernen, sparsamen Fünfzylinder-Turbodiesel mit Pumpe-Düse-Einspritzung angeboten. Sowohl das neue Getriebe als auch die Automatik harmonieren hervorragend mit diesem Aggregat.

Lizenzbauten

Mit dem Verkaufserfolg des Land Rover hatte niemand gerechnet – am wenigesten die Rover Company selbst. Folglich waren die Produktionskapazitäten schon bald überlastet und man dachte über eine praktikable Lösung nach. Und da sich andere Hersteller um die Erlaubnis rissen, den Landy nachbauen zu dürfen, kam es 1952 zur ersten Lizenzproduktion bei der einstmaligen Luxusmarke Minerva in Belgien. Zu diesem Zweck wurden viele Teile wie Rahmen, der Motor samt Getriebe oder die Achsen aus England angeliefert, vor Ort montiert und mit leicht abgeänderten Karosserien aus Stahl versehen. Die wenigsten Exemplare gerieten in private Hände, denn Minerva belieferte vorrangig das belgische Militär. Bis 1956 sind etwa 18 000 Fahrzeuge entstanden. Ein weiterer Lizenznehmer war der in Hamburg ansässige Nutzfahrzeug-Produzent Tempo, wo der Land Rover – wenn auch nur in bescheidenen Stückzahlen – zwischen 1952 und 1955 für den Bundesgrenzschutz gefertigt worden ist. Das bekannteste Landy-Derivat kam jedoch aus Spanien: 1959 begann auf dem Gelände Santa Ana im andalusischen Linares die Montage von Land Rovern. Es war eine Partnerschaft, die bis Mitte der neunziger Jahre Bestand hatte. Santana belieferte nicht nur das Militär, sondern auch zivile Kunden. Hergestellt wurden jeweils die aktuellen Modellreihen inklusive dem Forward Control, die sich wieder in mehreren Details von den »Originalen« unterschieden. So implantierten die Spanier andere Motoren oder fertigten eigene Modelle, zum Beispiel den vom Lightweight abgeleiteten Ligero. Die britisch-spanische Kooperation endete erst vor wenigen Jahren, als Santana in wirtschaftliche Schwierigkeiten geriet. Bis 1994 entstanden immerhin fast 290 000 Land Rover Santana, und viele von ihnen sind heute noch auf der iberischen Halbinsel anzutreffen.

Die Sondermodelle

Von Anfang an hat es den Land Rover in mehreren Ausstattungen gegeben. Das fing mit den PTOs an, also jenen Kraftabnahmen, mit denen sich unterschiedlichstes Gerät antreiben ließen, und endete bei maßgeschneiderten Karosserien für besondere Zwecke, die von spezialisierten Betrieben angefertigt wurden. In England beschäftigte der Land Rover gar eine eigene Zulieferindustrie. Der Wunsch, einmal alle Varianten und Derivate aufzulisten, ist deshalb ein aussichtsloses Unterfangen: Es gibt einfach zu viele, und eigentlich ist jedes Exemplar ein Sondermodell. Neben den privaten und militärischen mit ihren speziellen Konfigurationen sind es vor allem hunderte Feuerwehr-, Sanitäts- und Rettungsfahrzeuge mit Landy- oder Forward Control-Fahrgestell und individuell angefertigten Aufbauten. Nicht vergessen darf man auch jene Expeditionsfahrzeuge, die auf allen Erdteilen ihre Spuren hinterlassen haben. Viele von ihnen wurden nur in kleinen Stückzahlen hergestellt und sind heute nicht mehr dokumentiert. Trotzdem gibt es einige Sondermodelle, die jedem Landy-Fan geläufig sein sollten. Sie sind ab Seite 80 aufgeführt.

Die Serie I feierte ihre Publikums-Premiere in Amsterdam und war zunächst nur in einer zum landwirtschaftlichen Gerät deklarierten Version zu haben: als zweitüriger Pritschenwagen mit offenem Alu-Aufbau, umklappbarer Frontscheibe sowie einem Aufbau mit Plane und Spriegel, dem sogenannten Canvas Softtop. Zum Öffnen der Türen mußte man unter einem Stoffdreieck in den Innenraum greifen. Das Fahrwerk bestand aus an Blattfedern aufgehängten Starrachsen; bei letzteren ist es bis heute geblieben.

Baureihe:	Serie I
Modell:	80
Bauzeit:	1948 – 1952
Motor:	4-Zyl., Reihe, wassergekühlt
Ventilsteuerung:	ohv
ccm:	1595 ccm (bis 1951)
B x H:	69,5 x 105 mm
Leistung:	50 PS/4000 min
Max. Drehm.:	108 Nm/2000 min
Antrieb:	Allrad, Vorderräder mit Freilauf
Gemischaufb.:	Solex-Vergaser
Getriebe:	Viergang
Bremsen:	Trommeln v + h
Höchstgeschw.:	90 km/h
Leergewicht:	1174 kg
Reifen:	6.00 x 16/7.00 x 16
Radstand:	2030 mm
Spur v/h:	1270 mm
L x B x H:	3350 x 1550 x 1790 mm

1950 hat man den empfindlichen Freilauf – per Ringzug ließen sich die Vorderräder vom Antrieb entkoppeln – durch einen in der langen Übersetzung zuschaltbaren Vorderradantrieb ersetzt. In der Geländereduktion wurden automatisch alle vier Räder angetrieben. Ab 1950 stand ein festes Hardtop zur Verfügung; 1951 kam serienmäßig ein Zweiliter-Vierzylinder zum Einsatz. Gut zu sehen: Die montierte PTO am Heck des Wagens.

Nur 641 mal gebaut, gehört der erste Station Wagon mit seinem kofferartigen Aufbau heute zu den gesuchten Raritäten. Neben außenliegenden Türgriffen und Kurbelfenstern wies er sieben Sitzplätze und jene Hecktür aus zwei Teilen auf, die sich hoch- und runterklappen ließen. Das war eine Lösung, die man viel später mit dem Range Rover wieder aufgreifen sollte.

Baureihe:	Serie I
Modell:	Station Wagon
Bauzeit:	1948 - 1951
Motor:	4-Zyl., Reihe, wassergekühlt
Ventilsteuerung:	ohv
ccm:	1595 ccm
B x H:	69,5 x 105 mm
Leistung:	50 PS/4000
Max. Drehm.:	108 Nm/2000
Antrieb:	Allrad, Vorderräder mit Freilauf
Gemischaufb.:	Solex-Vergaser
Getriebe:	Viergang
Bremsen:	Trommeln v + h
Höchstgeschw.:	90 km/h
Leergewicht:	1174 kg
Reifen:	6.00 x 16/7.00 x 16
Radstand:	2030 mm
Spur v/h:	1270 mm
L x B x H:	3350 x 1550 x 1790 mm

Mit dem Modell 86 wurde der Radstand um 6 inch (15 Zentimenter) und die Gesamtlänge um drei inch verlängert, was nicht nur der Ladefläche, sondern auch dem Fahrverhalten zugute kam. Dazu gesellten sich weitere Detail-Änderungen, beispielsweise stärkere Bremsen, ein flacherer Tank, neue außenliegende Türgriffe, ein bequemeres Gestühl und größere Armaturen. Ab Herbst 1954 war der 86 auch mit sieben Sitzplätzen erhältlich; hinten saß man sich paarweise gegenüber.

Eine Serie I ist wie der Märklin-Baukasten für große Jungs. Dieses 86-inch-Exemplar in North Vancouver ist bereits mehrfach lackiert, die Mechanik macht aber noch einen passablen Eindruck.

Baureihe:	Serie I
Modell:	86
Bauzeit:	1954 - 1957
Motor:	4-Zyl., Reihe, wassergekühlt
Ventilsteuerung:	ohv
ccm:	1997 ccm
B x H:	77,8 x 105 mm
Leistung:	52 PS/4000
Max. Drehm.:	137 Nm/1500
Antrieb:	Hinterräder, zuschaltbare Vorderräder
Gemischaufb.:	Solex-Vergaser
Getriebe:	Viergang, zusätzliches Verteiler-getriebe
Bremsen:	Trommeln v + h
Höchstgeschw.:	90 km/h
Leergewicht:	1224 kg
Reifen:	6.00 x 16/7.00 x 16
Radstand:	2180 mm
Spur v/h:	1270 mm
L x B x H:	3370 x 1590 x 1940 mm

Baureihe:	Serie I
Modell:	107
Bauzeit:	1955 - 1957
Motor:	4-Zyl., Reihe, wassergekühlt
Ventilsteuerung:	ohv
ccm:	1997 ccm
B x H:	77,8 x 105 mm
Leistung:	52 PS/4000
Max. Drehm.:	137 Nm/1500
Antrieb:	Hinterräder, zuschaltbare Vorderräder
Gemischaufb.:	Solex-Vergaser
Getriebe:	Viergang, zusätzliches Verteilergetriebe
Bremsen:	Trommeln v + h
Höchstgeschw.:	90 km/h
Leergewicht:	1560 kg
Reifen:	6.00 x 16/7.00 x 16
Radstand:	2720 mm
Spur v/h:	1270 mm
L x B x H:	4410 x 1590 x 1980 mm

Das Modell 107 war der konsequente Schritt in eine erfolgreiche Zukunft: Mehr Raum bedeutete auch mehr Einsatzmöglichkeiten. An Beliebtheit hatte der 107 die kurze Variante schnell überholt, und dabei ist es geblieben. Weitere Detailänderungen entsprechen der 86er-Ausführung.

Kurz nach der Einführung war der 88 (und der gleichzeitig auf 109 inch verlängerte 107) mit einem zwei Liter großen, 51 PS starken Vierzylinder-Diesel erhältlich. Die robuste, anspruchslose und sparsame Antriebsquelle passte hervorragend zum Charakter des Fahrzeugs. Neben der klassischen Version mit Stoffverdeck konnte wahlweise auch ein mehrteiliges Kabinendach montiert werden. Im stetig wachsenden Zubehörprogramm stand auch ein Aluminium-Dach mit hochklappbarer Hecktür.

Baureihe:	Serie I
Modell:	88 Diesel
Bauzeit:	1957 - 1958
Motor:	4-Zyl., Reihe, wassergekühlt
Ventilsteuerung:	ohv
ccm:	2052 ccm
B x H:	85,7 x 88,9 mm
Leistung:	51 PS/3500
Max. Drehm.:	118 Nm/2000
Antrieb:	Hinterräder, zuschaltbare Vorderräder
Gemischaufb.:	Einspritzung mech.
Getriebe:	Viergang, zusätzliches Verteilergetriebe
Bremsen:	Trommeln v + h
Höchstgeschw.:	90 km/h
Leergewicht:	1330 kg
Reifen:	6.00 x 16/7.00 x 16
Radstand:	2240 mm
Spur v/h:	1270 mm
L x B x H:	3620 x 1630 x 1970 mm

1957 wurde der Radstand des 107 bei gleicher Gesamtlänge vergrößert, wofür die Modellbezeichnung 109 stand. Trotzdem blieb der 107 als Benziner bis zur Einführung der Serie II im Jahre 1958 im Programm. Neben der Pick-Up-Ausführung gab es beide Modelle auch mit geschlossenem Aufbau und fünf Türen.

Baureihe:	Serie I
Modell:	109
Bauzeit:	1957 – 1958
Motor:	4-Zyl., Reihe, wassergekühlt
Ventilsteuerung:	ohv
ccm:	1997 ccm
B x H:	77,8 x 105 mm
Leistung:	52 PS/4000
Max. Drehm.:	137 Nm/1500
Antrieb:	Hinterräder, zuschaltbare Vorderräder
Gemischaufb.:	Solex-Vergaser
Getriebe:	Viergang, zusätzliches Verteilergetriebe
Bremsen:	Trommeln v + h
Höchstgeschw.:	90 km/h
Leergewicht:	1395 kg
Reifen:	6.00 x 16/7.00 x 16
Radstand:	2770 mm
Spur v/h:	1270 mm
L x B x H:	4410 x 1590 x 1980 mm

Ob auf Feldern, Geröll oder im Schnee: Auf einem Land Rover war (und ist) Verlass. Immer mehr Kunden vertrauten auf die Geländewagen aus Solihull, folglich gab es immer mehr Modellvarianten und Zubehör. Diese detailgenau gezeichneten Prospekt-Illustrationen sind typisch für die Fünfziger Jahre.

Baureihe:	Serie II
Modell:	88 Softtop
Bauzeit:	1958 - 1961
Motor:	4-Zyl., Reihe, wassergekühlt
Ventilsteuerung:	ohv
ccm:	2286 ccm
B x H:	90,5 x 88,9 mm
Leistung:	77 PS/4250
Max. Drehm.:	168 Nm/2500
Antrieb:	Hinterräder, zuschaltbare Vorderräder
Gemischaufb.:	Solex-Vergaser
Getriebe:	Viergang, zusätzliches Verteiler-getriebe
Bremsen:	Trommeln v + h
Höchstgeschw.:	110 km/h
Leergewicht:	1314 kg
Reifen:	7.50 x 16
Radstand:	2240 mm
Spur v/h:	1310 mm
L x B x H:	3620 x 1630 x 1970 mm

Vier Zentimeter breiter und mit kantigeren Frontkotflügeln versehen, machte die auch innen runderneuerte Serie II 1958 ihre Aufwartung. Zu den wesentlichsten Verbesserungen zählte der äußere Tankeinfüllstutzen hinter der Beifahrertür; der Kraftstoffgestank im Innenraum gehörte damit der Vergangenheit an. Als Basis-Antrieb fungierte in den folgenden Jahren ein Vierzylinder-Benziner mit 2,3 Liter Hubraum, dessen Leistung 77 PS betrug; das Drehmoment wuchs um 31 Nm. Freilaufnaben für die Vorderräder waren optional erhältlich. Links oben eine Serie II mit geflicktem Stoffverdeck, wie sie heute noch auf vielen englischen Farmen anzutreffen ist.

Werkzeug Land Rover: Über die Kraftabnahmen konnten viele Maschinen wie dieser Betonmischer betrieben werden.

Neben den Modelländerungen der Serie II profitierte der 109 von einem größeren Einschlag der Vorderräder, womit sich der Wendekreis auf knapp 14 Meter verringern ließ, was freilich immer noch viel war. Bei den Modellen mit festem Dach (hier die Tropen-Ausführung für permanente Lüftung) sorgten fortan Alpinefenster für das typische Land-Rover-Erscheinungsbild.

Bei Handwerkern und gewerblichen Berufen besonders beliebt und dementsprechend weitverbreitet war der 109 Pick-Up, den es sowohl mit Benzin- wie auch mit Dieselmotor gegeben hat.

Baureihe:	Serie II
Modell:	109 Diesel
Bauzeit:	1958 – 1961
Motor:	4-Zyl., Reihe, wassergekühlt
Ventilsteuerung:	ohv
ccm:	2052 ccm
B x H:	85,7 x 88,9 mm
Leistung:	51 PS/3500
Max. Drehm.:	118 Nm/2000
Antrieb:	Hinterräder, zuschaltbare Vorderräder
Gemischaufb.:	Mech. Einspritzung
Getriebe:	Viergang, zusätzliches Verteiler-getriebe
Bremsen:	Trommeln v + h
Höchstgeschw.:	95 km/h
Leergewicht:	1580 kg
Reifen:	6.00 x 16/7.00 x 16
Radstand:	2770 mm
Spur v/h:	1310 mm
L x B x H:	4450 x 1630 x 2050mm

Baureihe:	Serie IIA
Modell:	88 Diesel
Bauzeit:	1961 - 1971
Motor:	4-Zyl., Reihe, wassergekühlt
Ventilsteuerung:	ohv
ccm:	2286 ccm
B x H:	90,5 x 88,9 mm
Leistung:	62 PS/4000
Max. Drehm.:	140 Nm/1800
Antrieb:	Hinterräder, zuschaltbare Vorderräder
Gemischaufb.:	Mech. Einspritzung
Getriebe:	Viergang, zusätzliches Verteiler-getriebe
Bremsen:	Trommeln v + h
Höchstgeschw.:	100 km/h
Leergewicht:	1402 kg
Reifen:	7.50 x 16
Radstand:	2240 mm
Spur v/h:	1310 mm
L x B x H:	3620 x 1630 x 1970 mm

Die 1961 eingeführte neue Serienbezeichnung IIA erfolgte aus technischen Gründen. Denn nun verfügte der Dieselmotor mit 2,3 Liter über den gleichen Hubraum wie die Benzin-Variante, was zwar der Kraft, aber nicht der Geschwindigkeit zugute kam. Ansonsten unterschied sich die Softtop-Variante kaum von ihren Vorgängern. Oben eine Werbeaufnahme der geschlossenen Variante in Landy-typischer Umgebung.

Baureihe:	Serie IIA
Modell:	109 2,6
Bauzeit:	1967 - 1971
Motor:	6-Zyl., Reihe, wassergekühlt
Ventilsteuerung:	ohv
ccm:	2625 ccm
B x H:	77,8 x 92,1 mm
Leistung:	83 PS/4500
Max. Drehm.:	172 Nm/1500
Antrieb:	Hinterräder, zuschaltbare Vorderräder
Gemischaufb.:	SU/Zenith-Vergaser
Getriebe:	Viergang, zusätzliches Verteilergetriebe
Bremsen:	Trommeln v + h
Höchstgeschw.:	115 km/h
Leergewicht:	1566 kg
Reifen:	7.50 x 16
Radstand:	2770 mm
Spur v/h:	1310 mm
L x B x H:	4450 x 1630 x 2050 mm

Nach 1962 war der 109 auch als Zwölfsitzer im Programm, was aus steuerlichen Gründen geschah und den Landy in dieser Konfiguration 25 Prozent billiger machte: Da freute sich auch die BBC. 1967 hielt ein Sechszylinder unter der Motorhaube Einzug. Zwar leistete er mehr als seine kleinen Kollegen, war allerdings auch empfindlicher. Zeitgleich gab es ein neues Getriebe.
Die optisch markanteste Landy-Änderung nahm man 1968 vor: Von jetzt an saßen die Frontscheinwerfer nicht mehr im Kühlergrill, sondern den Kotflügeln.

DXC 303G

Frühe Exemplare dieses abgespeckten und vornehmlich militärisch eingesetzten Landys basieren auf der Serie IIA. Kurios war sein Handbuch, in dem das Kapitel »Self destruct« zu finden war. Dort stand zu lesen, was zu geschehen hatte, sollte der Lightweight einmal hinter feindlichen Linien zurückgelassen werden müssen. Die zweite, nach 1971 gebaute Ausführung des Lightweight basiert auf der Serie III und ist an den aussenliegenen Scheinwerfern zu erkennen. Ausgemusterte Exemplare sind heute oft in privater Hand anzutreffen. Mit potenten Achtzylindern ausgerüstet, ist der Lightweight bei Trail-Piloten sehr beliebt.

Baureihe:	Lightweight
Bauzeit:	1968 - 1984
Motor:	4-Zyl., Reihe, wassergekühlt
Ventilsteuerung:	ohv
ccm:	2286 ccm
B x H:	90,5 x 88,9 mm
Leistung:	77 PS/4250
Max. Drehm.:	168 Nm/2500
Antrieb:	Heckantrieb, Vorderräder zuschaltbar
Gemischaufb.:	Zenith-Vergaser
Getriebe:	Viergang, zusätzliches Verteiler-getriebe
Bremsen:	Trommeln v + h
Höchstgeschw.:	120 km/h
Leergewicht:	1454, demontiert 1205 kg
Reifen:	7.50 x 16
Radstand:	2240 mm
Spur v/h:	1310 mm
L x B x H:	3650 x 1520 x 1950 mm

Baureihe:	Forward Control
Modell:	109 FC
Bauzeit:	1962 - 1973
Motor:	4-Zyl. Reihe, wassergekühlt
Ventilsteuerung:	ohv
ccm:	2286 ccm
B x H:	90,5 x 88,9 mm
Leistung:	77 PS/4250
Max. Drehm.:	168 Nm/2500
Antrieb:	hinten, Vorderräder zuschaltbar
Gemischaufb.:	Zenith-Vergaser
Getriebe:	Viergang, zusätzliches Verteilergetriebe
Bremsen:	Trommeln v + h
Höchstgeschw.:	90 km/h
Leergewicht:	1902 kg
Reifen:	9.00 x 16
Radstand:	2770 mm
Spur v/h:	1360 mm
L x B x H:	4900 x 1920 x 2590 mm

Auf Basis des Land-Rover-Chassis ließ sich das Frontlenker-Prinzip – Steuerung vor der Vorderachse – problemlos umsetzen. Der FC war der praktischste aller Landys – und trotzdem ein Flop: Bis zum Produktionsstop 1973 wurden weniger als 5500 Exemplare gebaut. Es gab ihn auch mit einem stärkeren Sechszylinder-Benziner und den bekannten Diesel-Motoren. Neben einer geschlossenen Variante war die hier gezeigte Pick-Up-Version erhältlich; sie konnte bis zu 1,5 Tonnen transportieren.

Seinerzeit ungewöhnlich, heute ein Klassiker: Die dreitürige Ausführung des ersten Range Rover schuf das neue Fahrzeug-Segment der Oberklasse-Geländewagen. Vom luxuriösen Standard späterer Modelle waren die ersten Range aber noch weit entfernt: Die Ausstattung war eher von schlichtem Charme, und die zierlichen Aussenspiegel verdienten ihren Namen kaum. Trotzdem stehen gut erhaltene Exemplare bei Liebhabern hoch im Kurs.

Baureihe:	Range Rover Serie I
Modell:	V8
Bauzeit:	1970 - 1979
Motor:	V8, wassergekühlt
Ventilsteuerung:	ohv
ccm:	3528 ccm
B x H:	88,9 x 71,1 mm
Leistung:	135 PS/4750
Max. Drehm.:	251 Nm/2500
Antrieb:	Allrad permanent
Gemischaufb.:	Stromberg-Vergaser
Getriebe:	Viergang, zusätzl. Verteilergetriebe, sperrbares Mitteldifferential
Bremsen:	Scheiben v + h
Höchstgeschw.:	153 km/h
Leergewicht:	1723 kg
Reifen:	205 x 16
Radstand:	2540 mm
Spur v/h:	1490 mm
L x B x H:	4470 x 1780 x 1780 mm

Wie sein rustikaler Verwandter war und ist auch ein Range Rover hart im Nehmen. Hier durchquert er schweres Gelände auf der Teststrecke von Eastnor Castle.

War der V8 die souveränere Motorisierung für den Range Rover, bezog der ab 1986 angebotene Diesel des italienischen Zulieferers VM seine Attraktivität aus der Sparsamkeit. 112 PS sind für den schweren Wagen natürlich recht wenig; in Deutschland war dieses Modell darum kaum anzutreffen. Gut zu sehen: Die neuen Türgriffe und Aussenspiegel, welche bei allen Viertürern zum Einsatz kamen.

Baureihe:	Range Rover Serie I
Modell:	Turbodiesel
Bauzeit:	1986 - 1992
Motor:	4-Zyl. Reihe, wassergekühlt
Ventilsteuerung:	ohv
ccm:	2393 ccm
B x H:	92,0 x 90,0 mm
Leistung:	112 PS/4200
Max. Drehm.:	248 Nm/2400
Antrieb:	Allrad permanent
Gemischaufb.:	Mech. Einspritzung
Getriebe:	Fünfgang, zusätzl. Verteilergetriebe, sperrbares Mitteldifferential
Bremsen:	Scheiben v + h
Höchstgeschw.:	148 km/h
Leergewicht:	1788 kg (Viertürer)
Reifen:	205 x 16
Radstand:	2540 mm
Spur v/h:	1490 mm
L x B x H:	4470 x 1780 x 1780 mm

Wie schon beim Landy sorgte die viertürige Version des Range Rover für steigenden Absatz. Dazu kamen weitere Modellverbesserungen: 1983 ersetzte ein Fünfgang-Getriebe die vierstufige Schaltung. Schon 1982 war der Range Rover mit einer Dreigang-Automatik, ab 1985 mit Viergang-Automatik lieferbar. 1987 wurde die Leistung des Achtzylinders auf 165 PS, 1980 auf 188 PS erhöht. Auch der Komfort erfuhr eine Aufwertung; so war beispielsweise auch dieser Vogue SEi serienmäßig mit elektrischen Fensterhebern vorne und hinten ausgestattet.

Von zeitloser Schönheit war die Rückansicht des ersten Range Rover mit seiner Heckklappe: Die Scheibe wird nach oben, das Blechteil nach unten geschwenkt. So ergibt sich eine nützliche Arbeits- oder Picknick-Fläche.

Baureihe:	Range Rover Serie I
Modell:	V8 Viertürer
Bauzeit:	1981 – 1987
Motor:	V8, wassergekühlt
Ventilsteuerung:	ohv
ccm:	3528 ccm
B x H:	88,9 x 71,1 mm
Leistung:	135 PS/4750
Max. Drehm.:	251 Nm/2500
Antrieb:	Allrad permanent
Gemischaufb.:	Stromberg-Vergaser
Getriebe:	Viergang, zusätzl. Verteilergetriebe, sperrbares Mitteldifferential
Bremsen:	Scheiben v + h
Höchstgeschw.:	153 km/h
Leergewicht:	1723 kg
Reifen:	205 x 16
Radstand:	2540 mm
Spur v/h:	1490 mm
L x B x H:	4470 x 1780 x 1780 mm

Range Rover Serie I

Baureihe:	Range Rover Serie I
Modell:	Vogue LSE 4.2
Bauzeit:	1994 - 1996
Motor:	V8, wassergekühlt
Ventilsteuerung:	ohv
ccm:	4278 ccm
B x H:	94,0 x 77,0 mm
Leistung:	202 PS/4850
Max. Drehm.:	340 Nm/3250
Antrieb:	Allrad permanent
Gemischaufb.:	Lucas-Benzineinspritzung
Getriebe:	Viergang-Automatik, automatisch sperrendes Mitteldifferential
Bremsen:	Scheiben v + h
Höchstgeschw.:	200 km/h
Leergewicht:	2055 kg
Reifen:	7.50 x 16
Radstand:	2740 mm
Spur v/h:	1490 mm
L x B x H:	4650 x 1820 x 1800 mm

Für spürbar mehr Fahrkomfort sorgte 1992 die Radstand-Verlängerung um 20 Zentimenter; mit ihr wuchsen auch die Abmessungen. In dieser Lang-Version war der Range I unter der Modellbezeichnung »Classic« neben der Serie II noch bis 1996 im Programm. Das hier gezeigte Topmodell Vogue LSE 4,2 verfügte serienmäßig über Lederausstattung, Radio/CD-Player, Fahrer- und Beifahrerairbag, die elektronische Luftfederung, eine Antriebsschlupfregelung oder lackierte Alufelgen.

Verstärkte Türscharniere, ein Frontgrill aus Kunststoff, das dreispeichige Hartplastik-Lenkrad und neue Armaturen waren die wesentlichen äußerlichen Insignien der Serie III. Auch die dritte Auflage setzte die Erfolgsgeschichte fort: 1976 konnte der Ein-Millionste Land Rover gefeiert werden. Einer von ihnen steht hier mit Tropen-Hardtop und Dachgepäckträger in San Jose, der Hauptstadt von Costa Rica.

Baureihe:	Serie III
Modell:	88
Bauzeit:	1971 - 1985
Motor:	4-Zyl., Reihe, wassergekühlt
Ventilsteuerung:	ohv
ccm:	2286 ccm
B x H:	90,5 x 88,9 mm
Leistung:	77 PS/4250
Max. Drehm.:	168 Nm/2500
Antrieb:	Hinterräder, zuschaltbare Vorderräder
Gemischaufb.:	Solex-Vergaser
Getriebe:	Viergang, zusätzliches Verteilergetriebe
Bremsen:	Trommeln v + h
Höchstgeschw.:	110 km/h
Leergewicht:	1314 kg
Reifen:	7.50 x 16
Radstand:	2240 mm
Spur v/h:	1330 mm
L x B x H:	3620 x 1630 x 1970 mm

Baureihe:	Serie III
Modell:	88 Diesel
Bauzeit:	1972 - 1984
Motor:	4-Zyl., Reihe, wassergekühlt
Ventilsteuerung:	ohv
ccm:	2286 ccm
B x H:	90,5 x 88,9 mm
Leistung:	62/4000
Max. Drehm.:	168 Nm/2500
Antrieb:	Hinterräder, zuschaltbare Vorderräder
Gemischaufb.:	Mech. Einspritzung
Getriebe:	Viergang, zusätzliches Verteilergetriebe
Bremsen:	Trommeln v + h
Höchstgeschw.:	110 km/h
Leergewicht:	1314 kg
Reifen:	7.50 x 16
Radstand:	2240 mm
Spur v/h:	1330 mm
L x B x H:	3620 x 1630 x 1970 mm

Ohnehin unverwüstlich, erreicht ein Landy mit Dieselmotor sagenhafte Laufleistungen. Gut erhaltene Exemplare erzielen relativ hohe Preise. Auf diesem Foto ist die genietete Standard-Motorhaube gut zu sehen. Es gab auch andere, zum Beispiel solche mit Ersatzrad-Mulde oder jene aufpreispflichtige de-luxe-Ausführung mit abgerundeten Kanten.

Baureihe:	Serie III
Modell:	109 V8
Bauzeit:	1979 - 1985
Motor:	V8-Zyl., wassergekühlt
Ventilsteuerung:	ohv
ccm:	3528 ccm
B x H:	88,9 x 71,1 mm
Leistung:	91 PS/3500
Max. Drehm.:	225 Nm/2000
Antrieb:	Allrad permanent
Gemischaufb.:	Stromberg-Vergaser
Getriebe:	Viergang, zusätzliches Verteilergetriebe
Bremsen:	Trommeln v + h
Höchstgeschw.:	125 km/h
Leergewicht:	1682 kg
Reifen:	7.50 x 16
Radstand:	2770 mm
Spur v/h:	1330 mm
L x B x H:	4450 x 1680 x 2010 mm

Der V8 verlieh dem Landy jene Kraft, die man sich eigentlich immer gewünscht hatte: Mit 225 Nm Drehmoment ließ es sich kraftvoll durchs Gelände pflügen. Um das Aggregat unterzubringen, mußte der Kühler weiter nach vorne verlegt werden, was die geänderte Frontpartie erklärt. Die Maschine war in der Serie III allerdings erst ab 1979 zu haben, ersetzte den 2,6-Liter-Sechszylinder und ist in diesem Modell – in leistungssgesteigerter Form – auf einigen Märkten noch heute im Programm. Natürlich gab – und gibt – es ein Pick-Up-Modell, in dieser Version auch Truck-Cabin genannt.

Auch ohne V8 war und ist der 109 ein patentes Fahrzeug, von dem es sogar diverse Camping-Varianten gab. Für Expeditionseinsätze in feucht-warmen Gebieten oft geordert ist das Tropendach mit seinen Lüftungsschlitzen, durch das die Luft zirkulieren kann. Rechts der Pick-Up im Serien-trimm.

TBW 839R

NXC 909M

Baureihe:	101
Bauzeit:	1975 - 1978
Motor:	V8, wassergekühlt
Ventilsteuerung:	ohv
ccm:	3528 ccm
B x H:	88,9 x 71,1 mm
Leistung:	135 PS/4750
Max. Drehm.:	278 Nm/4000
Antrieb:	Allrad permanent
Getriebe:	Viergang, zusätzl. Verteilergetriebe, sperrbares Mitteldifferential
Bremsen:	Trommeln v + h
Höchstgeschw.:	140 km/h
Leergewicht:	2656 kg
Reifen:	9.00 x 15
Radstand:	2570 mm
Spur v/h:	1520/1550 mm
L x B x H:	4130 x 1780 x 2230 mm

Der 101 ist als legitimer Erbe des Forward Control zu verstehen, basierte jedoch auf dem Range Rover. Ausschließlich für militärische Zwecke bestimmt, konnte der 101 eine Tonne Nutzlast tragen. Nur drei Jahre gebaut, ist er noch heute bei der britischen Armee im Einsatz. Ein speziell entwickelter Anhänger, dessen Räder über eine Welle ebenfalls angetrieben werden, machen den 101 zum Go-Anywhere-Transporter.

In dieser Ausführung kam der 90 im Jahre 1983 auf den Markt. Die Merkmale waren: Flacher Bug mit Kunststoffgrill, Kotflügelverbreiterungen, größere Außenspiegel und neue Türgriffe. Kurzzeitig bestanden die Lüftungsklappen unterhalb der Frontscheibe aus Plastik; Lenkrad und Stahlfelgen stammten zeitweise vom Range Rover.

Baureihe:	90
Modell:	90/Defender
Bauzeit:	1983 - 1993
Motor:	4-Zyl., Reihe, wassergekühlt
Ventilsteuerung:	ohv
ccm:	2494 ccm
B x H:	90,5 x 97,0 mm
Leistung:	83 PS/4000
Max. Drehm.:	180 Nm/2000
Antrieb:	Allrad permanent
Gemischaufb.:	Weber-Vergaser
Getriebe:	Viergang, zusätzl. Verteilergetriebe, sperrbares Mitteldifferential
Bremsen:	Scheiben v., Trommeln h.
Höchstgeschw.:	120 km/h
Leergewicht:	1605 kg
Reifen:	6.00 x 16
Radstand:	2360 mm
Spur v/h:	1490 mm
L x B x H:	3880 x 1790 x 1960 mm
Anmerkung:	Modellbezeichnung Defender ab 1989

Der Tdi hat sich während seiner Produktionszeit zur beliebtesten Antriebsquelle im Landy entwickelt, weil er charakterlich gut zum Auto passt und wenig verbraucht. Auf anderen Märkten wurde und wird der klassische Land Rover aber auch mit anderen Maschinen gestückt: In Südafrika gibt es ihn heute mit einem BMW-Sechszylinder, in Australien kommt ein Isuzu-Diesel zum Einsatz. Ab Modelljahr 1999 wurde der Tdi vom neuen Td5-Fünfzylinder aus dem New Discovery ersetzt, der über eine Pumpe-Düse-Einspritzung verfügt und bei gesteigerter Leistung (137 PS, 315 Nm) für noch bessere Verbrauchswerte sorgt.
Die offene Version mit Canvas-Softtop ist nur 3720 mm lang und kommt dem Urmodell von 1948 heute am nächsten. Frontscheibe und Dachgestänge lassen sich – mit einigem Aufwand und Schraubenschlüssel – umklappen bzw. demontieren. In den Vereinigten Staaten wird das Modell mit den alten Steckscheiben-Türen inklusive den charakteristisch-versenkten Griffen verkauft und erinnert noch stärker an seinen Ahnen. Technisch hat sich freilich viel geändert.
Auch geschlossen macht der 90 eine gute Figur. Die typischen Alpine-Fenster und Schiebescheiben hinten entsprechen dem Serienstandard.

Baureihe:	90/Defender
Modell:	90 Tdi
Bauzeit:	1994 – 1999
Motor:	4-Zyl., Reihe, wassergekühlt
Ventilsteuerung:	ohv
ccm:	2495 ccm
B x H:	90,5 x 97,0 mm
Leistung:	113 PS/4000
Max. Drehm.:	265 Nm/1800
Antrieb:	Allrad permanent
Gemischaufb.:	Direkteinspritzung
Getriebe:	Fünfgang, zusätzl. Verteilergetriebe, sperrbares Mitteldifferential
Bremsen:	Scheiben v+h
Höchstgeschw.:	130 km/h
Leergewicht:	1695 kg
Reifen:	6.00 x 16
Radstand:	2360 mm
Spur v/h:	1490 mm
L x B x H:	3870 x 1790 x 1960 mm

Baureihe:	90/Defender
Modell:	90 »50th anniversary«
Bauzeit:	Bauzeit 1989 –
Motor:	V8, wassergekühlt
Ventilsteuerung:	ohv
ccm:	3950 ccm
B x H:	94,0 x 71,1 mm
Leistung:	185 PS/4750
Max. Drehm.:	340 Nm/2600
Antrieb:	Allrad permanent
Gemischaufb.:	Bosch-Benzineinspritzung
Getriebe:	Fünfgang-Automatik, zusätzl. Verteilergetriebe, sperrb. Mitteldiff.
Bremsen:	Scheiben v+h
Höchstgeschw.:	175 km/h
Leergewicht:	1845 kg
Reifen:	7.50 x 16
Radstand:	2360 mm
Spur v/h:	1490 mm
L x B x H:	3883 x 1790 x 1997 mm

Zu den zahlreichen in Deutschland angebotenen Land-Rover-Sondermodellen gehört dieser limitierte, ausschließlich in Atlantic-Blue-Metallic erhältliche Defender 90 »50th anniversary«. Er ist mit V8-Motor, Klimaanlage, Automatik, Casettenradio, Glashubdach, Überrollkäfig und breiten Alufelgen üppig ausgestattet. Auf die Mittelkonsole und das Heck genietete Plaketten mit der eingestanzten Seriennummer weisen auf die nur 180 Exemplare zählende Jubiläums-Serie hin. In einigen Ländern, zum Beispiel in den USA, ist der 90 V8 immer noch fester Bestandteil des Modellprogramms.

Abgesehen von den Kotflügelverbreiterungen, dem nach vorne versetzten Kühlergrill und der einteiligen Frontscheibe kommt ein 110 heute noch genauso klassisch daher wie vor vier Jahrzehnten. Seit 1989 werden vorne Scheibenbremsen montiert. Die Geländegängigkeit des Defender ist manchmal schon unglaublich: Selbst lockeren Untergrund erklimmt er problemlos. Auch Wasserdurchfahrten stellen kein Hindernis dar: Bereits in der Serienkonfiguration beträgt die Wattiefe 50 Zentimeter.

Baureihe:	110/Defender
Modell:	110 Tdi Station Wagon
Bauzeit:	1994 - 1999
Motor:	4-Zyl., Reihe, wassergekühlt
Ventilsteuerung:	ohv
ccm:	2495 ccm
B x H:	90,5 x 88,9 mm
Leistung:	113 PS/4000
Max. Drehm.:	265 Nm/1800
Antrieb:	Allrad permanent
Gemischaufb.:	Direkteinspritzung
Getriebe:	Fünfgang, zusätzl.Verteilergetriebe, sperrb. Mitteldifferential
Bremsen:	Scheiben v+h.
Höchstgeschw.:	125 km/h
Leergewicht:	1885kg
Reifen:	7.50 x 16
Radstand:	2790 mm
Spur v/h:	1510 mm
L x B x H:	4450 x 1790 x 2030 mm

Baureihe:	110/Defender
Modell:	110 Pick-Up
Bauzeit:	1983 – 1985
Motor:	4-Zyl., Reihe, wassergekühlt
Ventilsteuerung:	ohv
ccm:	2286 ccm
B x H:	90,5 x 88,9 mm
Leistung:	74 PS/4000
Max. Drehm.:	163 Nm/2000
Antrieb:	Allrad permanent
Gemischaufb.:	Weber-Vergaser
Getriebe:	Viergang, zusätzl. Verteiler-getriebe, sperrbares Mittel-differential
Bremsen:	Scheiben v., Trommeln h.
Höchstgeschw.:	110 km/h
Leergewicht:	1885 kg
Reifen:	7.50 x 16
Radstand:	2790 mm
Spur v/h:	1510 mm
L x B x H:	4590 x 1790 x 2030 mm

Der offene 110 zählt in der Landy-Familie auch heute noch zu den Arbeitstieren; seine Ladefläche prädestiniert ihn für alle möglichen Transportaufgaben. Gegenüber der Basisversion mißt dieser High Capacity Pick-Up 4670 mm in der Länge.
Zu den Lizenzherstellern des klassischen Land Rover Defender – hier ein 110 Tdi – zählt seit 1998 auch die Karmann-Ghia do Brasil in Sao Bernardo do Campo.

Baureihe:	130/Defender
Modell:	130 Tdi Crew Cab
Bauzeit:	1994 – 1999
Motor:	4-Zyl., Reihe, wassergekühlt
Ventilsteuerung:	ohv
ccm:	2495 ccm
B x H:	90,5 x 97,0 mm
Leistung:	113 PS/4000
Max. Drehm.:	265 Nm/1800
Antrieb:	Allrad permanent
Gemischaufb.:	Direkteinspritzung
Getriebe:	Viergang, zusätzl. Verteilergetriebe, sperrbares Mitteldifferential
Bremsen:	Scheiben v., Trommeln h.
Höchstgeschw.:	130 km/h
Leergewicht:	2086 kg
Reifen:	7.50 x 16
Radstand:	3230 mm
Spur v/h:	1510 mm
L x B x H:	5130 x 1790 x 2060 mm

Ein 130 eignet sich auch hervorragend für das Satteln eines Camping-Aufbaus: In dieser Konfiguration ist er ein von Globetrottern bevorzugtes Reisemobil, wie dieser Schnappschuß auf Island beweist.

Ich bin der Größte! Der 130 mit Doppelkabine ist nicht nur geräumig, sondern auch besonders komfortabel. Sein langer Radstand verschafft ihm unter allen Landys die beste Straßenlage. Englands Bauarbeiter werden es zu würdigen wissen: Mit ihnen sind viele dieser King-Size-Modelle im Einsatz.

Baureihe:	Discovery Serie I
Modell:	Tdi
Bauzeit:	1989 – 1998
Motor:	4-Zyl., Reihe, wassergekühlt
Ventilsteuerung:	ohv
ccm:	2495 ccm
B x H:	90,5 x 97,0 mm
Leistung:	113 bzw. 122 PS/4000
Max. Drehm.:	265 Nm/1800
Antrieb:	Allrad permanent
Gemischaufb.:	Direkteinspritzung
Getriebe:	Fünfgang, sperrbares Mittel-differential
Bremsen:	Scheiben v + h
Höchstgeschw.:	145 km/h
Leergewicht:	1935 kg
Reifen:	205 x 16
Radstand:	2540 mm
Spur v/h:	1490 mm
L x B x H:	4520 x 1790 x 1920 mm

Der Discovery mauserte sich rasch zum Bestseller. Die Spurbreiten sind mit dem Defender identisch, weil in beiden Modellen baugleiche Starrachsen verwendet werden. Seit 1990 ist er auch als Viertürer mit maximal sieben Sitzplätzen lieferbar. Das mit den Jahren wachsende Zubehörprogramm sorgte dafür, daß es kaum zwei absolut identische Discos gibt. In der Turbodiesel-Variante ist das Modell am häufigsten anzutreffen.
Bei seiner Präsentation 1989 verfügte der Discovery über einen Kühlergrill mit zwei vertikalen Stegen. Die beinahe quadratischen Frontscheinwerfer, die anderen Stoßstangen und Außenspiegel sind charakteristisch für die Modelle vor 1995.
Die Expeditionsausführungen der Camel Trophy sind unter Landy-Fahrern besonders populär. Deshalb hat Rover Deutschland 1996 einen zivilen »Trophy« mit Kuhfänger, zwei weiteren Scheinwerfern, Breitreifen, Alufelgen und Klimaanlage auf Basis des selbstzündenden Dreitürers angeboten. Gegenüber der ersten Auflage sind die optischen Retuschen gut zu erkennen.

Letzte Fassung vor der Modellablösung: Ein Disco Tdi von 1997.

LAND ROVER
NE
PK 946
DISCOVERY

Mit dem kraftvollen Achtzylinder bewegte sich der nun nicht gerade billige Discovery schwer auf den Range Rover zu, dem er auch im Fahrkomfort kaum nachstand. Komfort und Sicherheit wurden ebenfalls verbessert: Ab 1992 war er wahlweise mit Automatik lieferbar, ABS kam 1995 mit dem ersten Facelift serienmäßig dazu. In der nur viertürig erhältlichen GS-Version bot der Discovery serienmäßig sieben Sitze, Alufelgen, Dachgepäckträger oder zwei Glasdächer.

Zu den diversen Werk-Editionen zählt auch dieser 1995 in Deutschland angebotene »Sunset« mit verchromtem Rammschutz, Zusatzscheinwerfern und Breitreifen auf Aluminiumfelgen.

Baureihe:	Discovery Serie I
Modell:	V8
Bauzeit:	1989 – 1998
Motor:	V8, wassergekühlt
Ventilsteuerung:	ohv
ccm:	3950 ccm
B x H:	94,0 x 71,1 mm
Leistung:	182 PS/4750
Max. Drehm.:	312 Nm/3100
Antrieb:	Allrad permanent
Gemischaufb.:	Lucas-Benzineinspritzung
Getriebe:	Fünfgang, sperrbares Mittel-differential
Bremsen:	Scheiben v + h
Höchstgeschw.:	170 km/h
Leergewicht:	1925 kg
Reifen:	235 x 16
Radstand:	2540 mm
Spur v/h:	1490 mm
L x B x H:	4520 x 1790 x 1920 mm

Baureihe:	Range Rover Serie II
Modell:	4.6 HSE
Bauzeit:	1994 –
Motor:	V8, wassergekühlt
Ventilsteuerung:	ohv
ccm:	4533 ccm
B x H:	94,0 x 82,0 mm
Leistung:	224 PS/4750
Max. Drehm.:	380 Nm/3600
Antrieb:	Allrad permanent
Gemischaufb.:	el. Benzineinspritzung
Getriebe:	Viergang-Automatik
Bremsen:	Scheiben v + h
Höchstgeschw.:	200 km/h
Leergewicht:	2220 kg
Reifen:	7.00 x 16
Radstand:	2750 mm
Spur v/h:	1540/1530 mm
L x B x H:	4710 x 1850 x 1750 (1880) mm

Ob Golfclub, Landsitz oder Flughafen: Nicht nur in Britannien ist der Range Rover das standesgemäße Fortbewegungsmittel der feinen Gesellschaft. Mit dieser Maschine ist er »Top of the Range«, 224 PS sind auch gegen die Konkurrenz eine überlegene Ansage. Mit duftendem Leder und Holz bietet der Range Rover viel britisches Flair. Natürlich sind Autobahnetappen mit diesem Fahrzeug ebenso einfach zu bewältigen wie schwere Geländepassagen. Mit seiner auch manuell bedienbaren Niveauregulierung läßt sich die Bodenfreiheit des Range um vier Zentimeter erhöhen. Setzt das Fahrzeug trotzdem auf, werden automatisch noch 20 mm dazugegeben.

Nur Spötter würden die Dieselausführung des edlen 4x4 als Range Rover für Arme bezeichnen. Sicher, er agiert nicht ganz so souverän wie die V8-Version, doch sein Drehmoment reicht auch an steilen Passagen aus. Besonders geschätzt wird der sparsame Wagen vor allem in den südeuropäischen Ländern: Dort werden hubraumstarke Benziner bekanntermaßen hoch besteuert. Die Heckpartie des neuen Range ist betont schlicht gehalten, jedoch nicht ohne Eleganz. Heckscheibe und Klappe darunter lassen sich getrennt nach oben und unten öffnen. Das Modellkürzel DT wurde nur kurzzeitig verwendet. Von vorne ist der schlichter ausgestattete Diesel an den fehlenden Nebelscheinwerfern zu erkennen.

Baureihe:	Range Rover Serie II
Modell:	2.5 DSE
Bauzeit:	1994 –
Motor:	V6, wassergekühlt
Ventilsteuerung:	ohv
ccm:	2497 ccm
B x H:	80,0 x 82,8 mm
Leistung:	136 PS/4400
Max. Drehm.:	270 Nm/2300
Antrieb:	Allrad permanent
Gemischaufb.:	Direkteinspritzung
Getriebe:	Fünfgang / Viergang-Automatik?
Bremsen:	Scheiben v + h
Höchstgeschw.:	170 km/h
Leergewicht:	2115kg
Reifen:	7.00 x 16
Radstand:	2750 mm
Spur v/h:	1540/1530 mm
L x B x H:	4710 x 1850 x 1750 (1880) mm

Baureihe:	Freelander
Modell:	1.8 Softback
Bauzeit:	1998 –
Motor:	4-Zyl., Reihe, wassergekühlt
Ventilsteuerung:	ohv
ccm:	1796 ccm
B x H:	80,0 x 89,3 mm
Leistung:	120 PS/5500
Max. Drehm.:	165 Nm/2750
Antrieb:	Allrad permanent
Gemischaufb.:	el. Benzineinspritzung
Getriebe:	Fünfgang
Bremsen:	Scheiben v., Trommeln h., ABS
Höchstgeschw.:	165 km/h
Leergewicht:	1425 kg
Reifen:	195 R 15 / 215 R 16
Radstand:	2550 mm
Spur v/h:	1530/1540 mm
L x B x H:	4390 x 1770 x 1710 mm

Ein Geländewagen als Spaß-Mobil: Mit dem Freelander begann bei Land Rover eine neue Epoche. Er ist genau auf die vornehmlich japanische Konkurrenz zugeschnitten und trotzdem britisch geblieben. Die Motoren stammen aus dem Pkw-Programm, der Benziner tut auch im MGF Dienst. Eine Sonderausstattungsliste mit über 100 Optionen garantiert Individualität.
Bei geöffnetem Softtop wird aus dem Freelander beinahe ein Cabrio, das auch auf Asphalt eine gute Figur macht.
Anstelle der klapp- und herausnehmbaren Kunststoffschalen über den Vordersitzen gibt es auch getönte Glasscheiben. Hinten ist alternativ das Hardback erhältlich.

Baureihe:	Freelander
Modell:	2.0 Diesel
Bauzeit:	1998 –
Motor:	4-Zyl., Reihe, wassergekühlt
Ventilsteuerung:	ohv
ccm:	1994 ccm
B x H:	84,5 x 88,9 mm
Leistung:	97 PS/54200
Max. Drehm.:	210 Nm/2000
Antrieb:	Allrad permanent
Gemischaufb.:	Direkteinspritzung
Getriebe:	Fünfgang
Bremsen:	Scheiben v., Trommeln h., ABS
Höchstgeschw.:	155 km/h
Leergewicht:	1525 kg
Reifen:	195 R 15 / 215 R 16
Radstand:	2550 mm
Spur v/h:	1530/1540 mm
L x B x H:	4390 x 1770 x 1710 mm
Anmerkungen:	Die Karosserieabmessungen des Fünftürers sind mit der dreitürigen Variante identisch

Gegenüber dem Freizeit-orientierten Dreitürer hat der Station Wagon einen deutlich höheren Nutzwert: Er bietet mehr Platz, und in Verbindung mit dem modernen Dieselmotor lassen sich günstige Verbräuche realisieren. Über stärkere Antriebsalternativen wird in Solihull bereits nachgedacht.

Seit Ende 1998 auf dem Markt, hat sich der New Discovery bereits etabliert. Um zu beweisen, daß der Wagen trotz aller Elektronik nicht anfälliger ausfiel als sein schlichterer Vorgänger, fuhr der Tempest Trek (Tempest steht für Sturm und war der Codename des neuen Discovery während seiner Entwicklung) 1998 in nur 58 Tagen um die Welt. Unterschiedlichste, meist schlechte Pisten konnten den Disco II dabei nicht aus dem Konzept bringen.

Baureihe:	Discovery Serie II
Modell:	Td5
Bauzeit:	1998 –
Motor:	5-Zyl., Reihe, wassergekühlt
Ventilsteuerung:	ohv
ccm:	2495 ccm
B x H:	84,5 x 89,0 mm
Leistung:	137 PS/4200
Max. Drehm.:	315 Nm/1950
Antrieb:	Allrad permanent, automatische Traktionskontrolle
Gemischaufb.:	Direkteinspritzung
Getriebe:	Fünfgang, Sperre über Traktionskontrolle ETC
Bremsen:	Scheiben v + h, ABS
Höchstgeschw.:	157 km/h
Leergewicht:	ab 2150 kg
Reifen:	235 R 16
Radstand:	2540 mm
Spur v/h:	1540/1560 mm
L x B x H:	4705 x 1855 x 1883 mm

Im Heckbereich waren die Änderungen zur ersten Generation am deutlichsten: Der verlängerte Kofferraum und die hochgesetzten Rückleuchten fallen sofort ins Auge.

Leicht modifiziert, kommt der V8 auch weiterhin im Discovery zum Einsatz. Serienmäßig wird der Benziner in einer Ausstattung angeboten, die in den Dieseln nur gegen Aufpreis erhältlich sind und hier den Abstand zum Range Rover weiter verkleinern.

Baureihe:	Discovery Serie II
Modell:	V8
Bauzeit:	1998 –
Motor:	V8, wassergekühlt
Ventilsteuerung:	ohv
ccm:	3950 ccm
B x H:	94,0 x 71,1 mm
Leistung:	185 PS/4750
Max. Drehm.:	340 Nm/2600
Antrieb:	Allrad permanent, automatische Traktionskontrolle
Gemischaufb.:	Bosch-Benzineinspritzung
Getriebe:	Fünfgang/Viergang-Automatik, Sperre über Traktionskontrolle ETC
Bremsen:	Scheiben v + h, ABS
Höchstgeschw.:	170 km/h
Leergewicht:	ab 2095 kg
Reifen:	235 R 16 / 255 R 16
Radstand:	2540 mm
Spur v/h:	1540/1560 mm
L x B x H:	4705 x 1855 x 1883 mm

Minerva

Weil die Kapazitäten in Solihull nicht ausreichten, die weltweit hohe Landy-Nachfrage zu befriedigen, ging Rover 1952 dazu über, den Bestseller auch in Lizenz herstellen zu lassen. Den Anfang machte die ehemals belgische Nobelmarke Minerva. Die flämischen Landys sind neben dem Firmenemblem vor allem an ihrer kantigeren Karosserie auszumachen; bis zum Auslaufen des Vertrages 1956 wurden ca. 18 000 Fahrzeuge in Morstel bei Antwerpen hergestellt.

Tempo

Was kaum einer weiß: Zwischen 1953 und 1955 wurde der Land Rover auch in Deutschland gebaut. Der damals in Hamburg ansässige Kleintransporter-Produzent Tempo montierte CKD-Kits des Allradlers für den Bundesgrenzschutz. Besonderheit: Die Karosserien der ersten Serie mit 80 inch bestanden aus Stahl, in den vorderen Kotflügeln waren Staufächer untergebracht. Es entstanden 100 Exemplare, danach weitere 150 der 86-inch-Version, diese allerdings mit Aluminium-Karosse.

Santana

Der andalusische Produzent Santana hat zwischen 1959 und 1994 knapp 290 000 Land Rover produziert und ist damit der größte Lizenznehmer der Briten gewesen. Heute sind noch viele der andalusischen Landys auf der iberischen Halbinsel anzutreffen. Spanische Spezialitäten: Neben dem Santana-Typenschild an Kühler und Heck läßt sich ein Lizenz-Landy an den drei Scheibenwischern sowie geänderten Blinkern und Rückleuchten ausmachen. Auch Dachaufbau oder die Felgen unterscheiden sich vom Original.

Unter der Modellbezeichnung Ligero brachte Santana 1980 eine Art zivile Version des Lightweight auf den Markt und hatte sogar Erfolg damit.

Schon in den ersten Jahren seiner Existenz unterstrichen diverse Sondermodelle verschiedenster Karosserieunternehmen die Vielseitigkeit des Land Rover. Dieser Krankenwagen basiert auf dem verlängerten Fahrgestell eines 107 der Serie I.

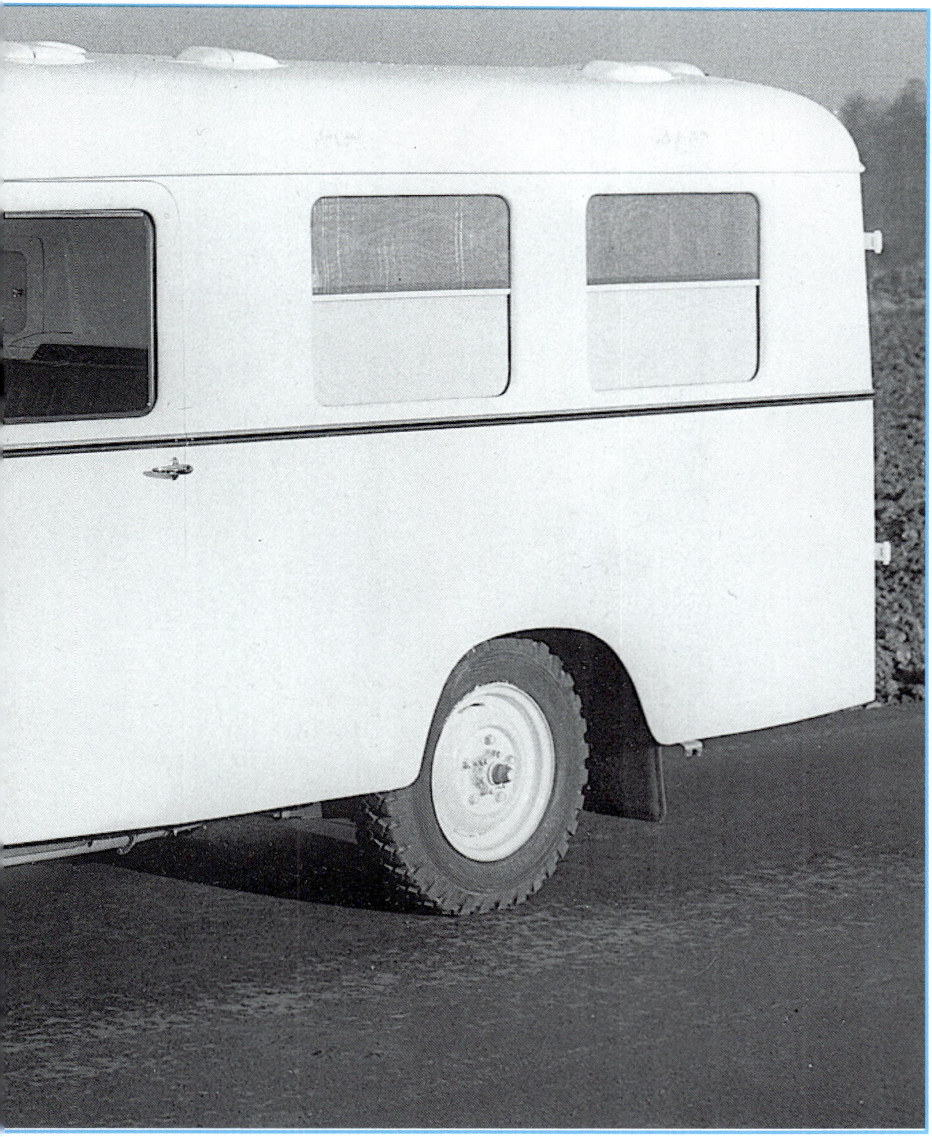

Bei der Feuerwehr erfreute sich der Forward Control größter Popularität. Nicht nur, daß sich in ihm viel Ausrüstung unterbringen ließ, der FC war auch stark, robust und unempfindlich. Das hier gezeigte Exemplar wurde beim englischen Karosserie-

bauer Merryweather umgebaut und stammt aus der Serie nach 1966, was an den tiefliegenden Scheinwerfern zu erkennen ist.

Nachdem der Land Rover jeden Kontinent erobert hatte, schickte er sich in den frühen Sechzigern an, das Schwimmen zu lernen. Dank einer mit wasserabweisendem Schaum ausgefüllten Karosse, hohen Klapptüren und dem Propeller vor der Hinterachse gelang ihm das sogar recht gut; die Höchstgeschwindigkeit betrug vier Knoten. Doch die Herstellungskosten erwiesen sich als zu teuer, und so hat man das Experiment wieder beendet.

Der Land Rover scheint die Phantasie der Konstrukteure besonders angeregt zu haben. Ein besonder skurriles Exemplar war dieser mit zwölf Zahnrädern ausgestattete Kettenwagen auf Basis der Serie IIA; in tiefen Schlammlöchern scheint er beson-

ders gut gewesen zu sein. Das vordere Kettenpaar ließ sich ganz normal per Lenkrad steuern.

Für Expeditionen war dieser 6x6 von Landy-Umbauer Cunningham gedacht. Er basiert nicht auf einem 109, sondern der kurzen 88er-Version, die hier nach hinten verlängert wurde. Sonst entspricht das Modell technisch der Serie II.

Der Land Rover ist ein krisenerprobtes Fahrzeug. Besonders hart im Nehmen ist jener Shortland-Panzerwagen, der von der britischen Armee bevorzugt in Nordirland eingesetzt wurde. Aufgerüstet mit Drehturm, Maschinenpistole, Klappvisieren und schußsicheren Reifen bringt das Modell fast neun Tonnen auf die Waage.

Im Auftrag der australischen Armee entstand Anfang der achtziger Jahre diese belastbare und sechsrädrige Version auf Basis eines 110. Ein erstes Exemplar mit längerem und stärkerem Rahmen wurde beim britischen Spezialisten SMC gefertigt, die Serie unter dem Echsen-Namen Perentie später in Australien produziert. Von ei-

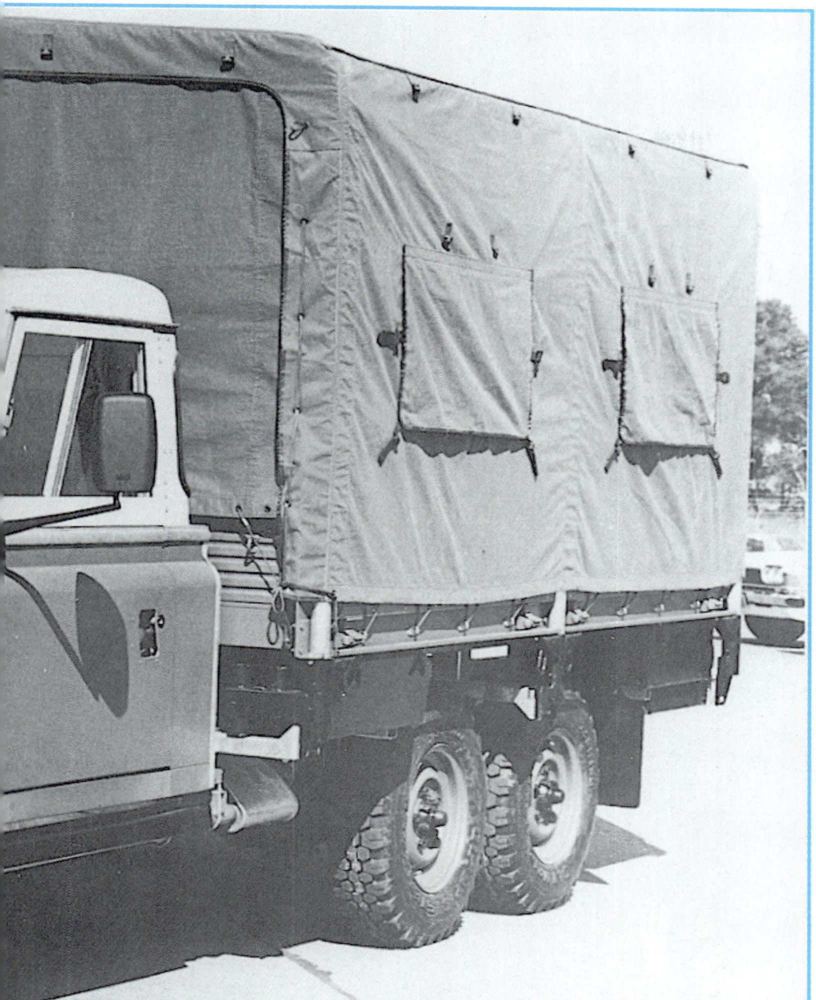

nem 3,9 Liter grossen Isuzu-Diesel mit einem Drehmoment von 314 Nm angetrieben, konnte der große 6x6-Perentie bis zu 1,5 Tonnen bewegen und tut es noch heute.

Wenn Scheichs einen Pick-Up suchen, kommen sie am Range Rover nicht vorbei. Und sollte es ihn ab Werk nicht mit Ladefläche geben, dann lassen sie sich eben einen bauen! Technisch entspricht dieses V8-Modell aus Dubai der bis 1979 produzierten ersten Serie.

Klare Sache: Zur Beförderung sperriger Dinge gibt es geeignetere Fahrzeuge als diese sechsrädrige Einzelanfertigung auf Range-Rover-Basis. Doch kaum ein anderer Wagen genießt einen solchen Aufmerksamkeitswert! Dazu kommt, daß sich der Lu-

xus-Laster auch im Gelände recht gut schlägt, schließlich werden alle Räder permanent angetrieben.

Spezialanfertigungen des Range Rover sind im nahen und fernen Osten sehr beliebt. Sechstürige Varianten kann man oft in Saudi Arabien oder den Vereinigten Arabischen Emiraten antreffen; diese hier stammt von Umrüster Elektiar und bietet neben verlängerten Radstand und Platz für 10 Personen auch mit Wurzelholz veredelte Armaturen oder eine vorne und hinten getrennt regulierbare Klimaanlage. Den individuellen Kundenwünschen sind bei solchen Fahrzeugen ohnehin keine Grenzen gesetzt. Von der Seite wirkt der gestreckte Range fast wie ein Kleinbus. Großfamilien müssten dieses Auto zu schätzen wissen. Es läßt sich aber auch viel transportieren; die zweite Rückbank ist umklappbar, die Kofferraumsitze können entfernt werden.

Zwischen 1981 und 1998 wurde die Camel Trophy auf den Land-Rover-Modellen Defender und Discovery, zuletzt gar mit dem Freelander ausgetragen. Die Marke ist zu einem Teil dieser abenteuerlichen Veranstaltung geworden und wird weltweit mit ihr in Verbindung gebracht. Der hier abgebildete Discovery ist gerade auf dem Weg in den Oman und entspricht einer Serie I mit Tdi-Motor, wurde aber auf die Strapazen einer aufreibenden Reise entsprechend vorbereitet. Neben leistungsstarken Zusatzscheinwerfern, dem hochgelegten Luftansaugschnorchel, dem größeren Luftfilter,

Rammschutz vorne und Dachgepäckträger entspricht das Modell jedoch der Serienversion. Die Expeditionsausführungen sind so populär, daß 1996 von Rover Deutschland sogar ein ziviler »Trophy« mit Kuhfänger, zwei weiteren Scheinwerfern, Breitreifen, Alufelgen und Klimaanlage auf der Basis des selbstzündenden Dreitürers angeboten wurde. Gegenüber der ersten Auflage sind die optischen Retuschen gut zu erkennen.

Auf Basis des Lightweight entstehen solche abenteuerlich anmutenden Offroad-Rennwagen. Sie werden bei den vor allem in England beliebten Trail-Wettbewerben eingesetzt, die dort regelmäßig ausgetragen werden. Solche Trial-Fahrzeuge sind nur noch rudimentär mit Karossen, aber stabilen Überrollkäfigen und leistungsstärkeren V8-Maschinen ausgestattet. Neben dem Reglement, das den Einbau von

Serienmotoren vorsieht, gibt es individuelle Konfigurationen in Formgebung und Cockpitgestaltung. Hier ein Trial-Lightweight in voller Fahrt. Zusätzliche Lüftungsschlitze weisen auf den V8-Motor hin; die 16-Zoll-Felgen stammen vom Range Rover.

Diese Serie I im Wettbewerbstrimm ist weitgehend in Originalzustand, wenn man vom Motor, Getriebe Überrollbügel und den breiten Stollenreifen einmal absieht.

Die Nehmerqualitäten von Land-Rover-Modellen werden auch von deutschen Ordnungshütern geschätzt. Seit 1998 tut eine Flotte von Freelandern und New Disco-

verys auf unseren Strassen Dienst. Kein Novum: Schon in den Fünfzigern wurden Landys vom BGS eingesetzt (siehe Seite 77).

Blick in die Zukunft

So stellt sich Land Rover den modernen Defender vor: Das Projekt SVX wurde 1999 auf der IAA vorgestellt. Das »ultimative Offroad-Fahrzeug« basiert auf dem Defender 90, wurde jedoch weitgehend modifiziert. Unter der Haube kommt der Td5-Turbodiesel zum Einsatz, dessen Motormanagement hier 375 Nm unter 2000/min mobilisiert. Die Kraft wird über ein Fünfgang-Getriebe permanent auf beide Achsen geschickt; ein Verteilergetriebe mit Geländeuntersetzung sowie ein sperrbares Mittendifferential sorgen auch unter schwierigen Bedingungen für Fortkommen. Neu sind jene über Druckluft betätigten Sperrdifferentiale an Vorder- und Hinterachse, die per Knopfdruck zugeschaltet werden können. In diesem Modus wird die aus dem Freelander und Discovery II bekannte ETC abgeschaltet. Für optimale Geländegängigkeit sorgt die hohe Achsverschränkung des SVX; Schraubenfedern und Gasdruckstoßdämpfer ermöglichen nicht nur lange Federwege, sondern auch viel Bodenfreiheit.

Ein vollverkleideter Unterboden schützt Chassis, Motor und Antriebsstrang. Sollte es ganz hart hergehen, hilft die abnehmbare elektrische Seilwinde. Auch modernste elektronische Zutaten wie ABS, EBD und die Bergabfahrhilfe HDC sind an Bord.
Der schlichte Auftritt des SVX unterstreicht seine Rolle des anspruchsvollen Freizeitmobils: Massive Schutzplanken und Riffelbleche schützen die Aluminiumkarosserie, Türen und Heckklappe sind abnehmbar. Ein funktioneller Gag ist der in den Überrollkäfig integrierte Luftansaugschnorchel. Zusatztanks sorgen für hohe Reichweite. Kurz: Der SVX zeigt, wie aktuell der Defender heute noch ist.

Richtungsweisend...

Die Reihe »Typenkompaß« fährt auf der Überholspur. Mit einer einer Serien-Ausstattung, die keine Wünsche offen läßt. Kurze, prägnante Texte informieren über Werdegang und Besonderheiten der wichtigsten Modelle eines Herstellers, dazu gibt's Technik-Tabellen und jede Menge Bilder.

- Die Firmenhistorie
- Alle Modellreihen
- Motorisierungen und Karosserievarianten
- Modellwechsel
- Infos über Fahrleistungen, Preise und Stückzahlen
- Die wichtigsten technischen Daten
- Ein zeitgenössisches Foto von (fast) jedem Fahrzeug

jeder Band der Reihe »Typenkompaß« kostet 29,80

Halwart Schrader
VW
150 Seiten, 142 Bilder
Bestell-Nr. 01905

Walter Zeichner
BMW
128 Seiten, 113 Bilder
Bestell-Nr. 01873

Joachim Kuch
Chrysler
128 Seiten, 113 Bilder, davon 58 in Farbe
Bestell-Nr. 01981

Walter Zeichner
Audi
120 Seiten, 104 Bilder
Bestell-Nr. 01874

Peter Schneider
Lanz Bulldog 1921-1961
126 Seiten, 104 Bilder
Bestell-Nr. 01980

IHR VERLAG FÜR AUTO-BÜCHER
Postfach 10 37 43 · 70032 Stuttgart
Telefon (07 11) 2 10 80 65 · Telefax (07 11) 2 10 80 70
Motor buch Verlag

Stand November 1999
Änderungen in Preis und Lieferfähigkeit vorbehalten